Bibliographic information published by the German National Library:

The German National Library lists this publication in the National Bibliography; detailed bibliographic data are available on the Internet at http://dnb.dnb.de .

Imprint:

Print and binding: Books on Demand GmbH, Norderstedt Germany
ISBN: 9783668771734

This book at GRIN:

https://www.grin.com/document/432511

Marvin Bustillos Barcaya

Estabilización de sistema detector basado en NAI

GRIN Verlag

TRABAJO FINAL
CARRERA DE ESPECIALIZACIÓN EN APLICACIONES TECNOLÓGICAS DE LA ENERGÍA NUCLEAR

Estabilización de sistema detector basado en NAI

Marvin Bustillos Barcaya

Diciembre de 2014

Comisión Nacional de Energía Atómica
Universidad Nacional de Cuyo (Instituto Balseiro)
Universidad de Buenos Aires (Facultad de Ingeniería)

RESUMEN

El presente documento reporta las tareas realizadas como trabajo final de la Carrera de Especialización en Aplicaciones Tecnológicas de la Energía Nuclear (CEATEN). Estas se llevaron a cabo en el departamento de Instrumentación y Control (I&C), del centro atómico Ezeiza (CAE).

El trabajo consiste en la estabilización de un sistema detector, el cual por las condiciones ambientales de operación y por los extensos periodos de medición, sufría de una variación en la calibración y la consiguiente pérdida de resolución. Se investiga las causas de esta pérdida de resolución, siendo estas atribuibles a la falla de la fuente de alta tensión y al corrimiento de ganancia debido a la temperatura. Se discute las posibles alternativas, para solucionar el corrimiento de la ganancia, optándose por el realineamiento de espectros. Se desarrolló la solución elegida y se la implemento usando el lenguaje C#, creando una librería, en el software de adquisición de espectro que tenía el detector.

Una vez implementada la solución, se verifico la eficacia de la misma, realizando numerosas pruebas en cámara térmica. También se realizó pruebas en condiciones de operación real, en el cementerio de combustibles. Se obtuvieron resultados satisfactorios, de la solución pues esta mantiene la resolución en un valor ideal, ante grandes variaciones de temperatura y elevados periodos de medición.

INDICE

INDICE DE FIGURAS

INDICE DE TABLAS

I. INTRODUCCIÓN

En la Comisión Nacional de Energía Atómica, dentro del Departamento de Instrumentación y Control, se desarrolló un sistema de espectrometría Gamma el cual ha sido adaptado a diferentes tipos de detectores: NaI, GEHP, Labr3. El sistema desarrollado cuenta con un protocolo de comunicación para su interfaz con una aplicación de PC, la cual permite configurar el sistema detector y adquirir espectros. La Figura 1 muestra el sistema electrónico de adquisición y procesamiento de la señal. La Figura 2 muestra la interfaz gráfica del software de aplicación.

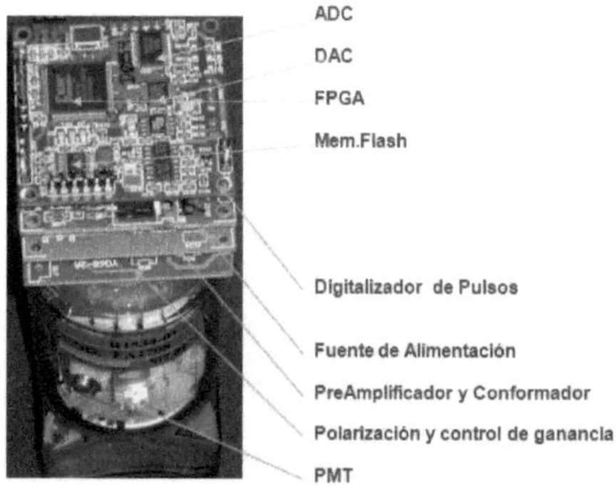

Figura 1. Sistema electrónico de adquisición y procesamiento

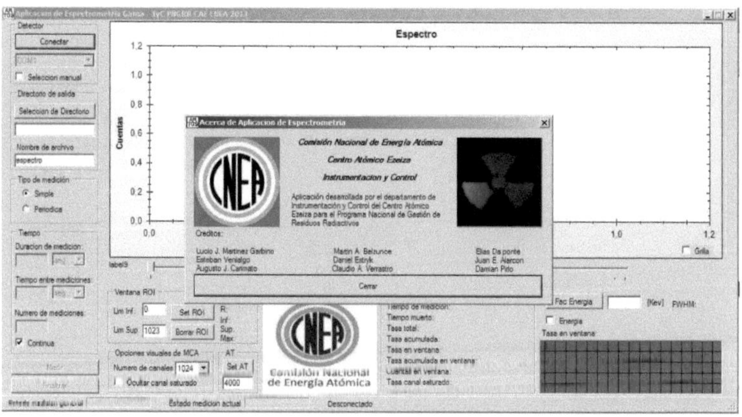

Figura 2. Interfaz gráfica del software de aplicación

Actualmente este sistema está siendo utilizado en el Área de Gestión de Ezeiza para medición de elementos combustibles gastados. Estas mediciones son realizadas dentro de un recinto donde se encuentran los mismos. Las condiciones ambientales del lugar son altamente variables, dependiendo de la época del año, del horario y condiciones climáticas del día de medición. Además las mediciones pueden abarcar un tiempo prolongado (por ejemplo 12 horas) donde las condiciones ambientales no se mantienen constantes, fundamentalmente la temperatura.

En la aplicación actual el detector utilizado es un NaI 2M2. Este tipo de detector tiene una fuerte dependencia con la temperatura. Está se manifiesta en un corrimiento de los fotópicos debido a la variación de la cantidad de fotones visibles emitida por el detector para una dada energía, generando esto una variación de la amplitud de los pulsos de salida. Este corrimiento tiene por resultado la perdida de resolución ya que se genera un ensanchamiento de los fotópicos..

A fin de mantener las características de resolución independiente de las variables ambientales surge la necesidad de proveer a este sistema de corrección por temperatura, para su aplicación en mediciones de fuentes de baja actividad y mediciones durante periodos temporales extensos.

II. PLANTEAMIENTO DEL PROBLEMA

Los conjuntos detectores de radiación Gamma en general y especialmente los conjuntos PMT-Centellador cambian su calibración frecuentemente, en general como efecto de la temperatura sobre el PMT y el Cristal centellador y también por envejecimiento del PMT y a largo plazo por efectos de la humedad que afectan la transparencia del cristal centellador. Esta modificación típicamente se observa como corrimiento de los fotópicos lo cual es atribuible a una modificación en la ganancia del sistema.

Estos efectos se pueden corregir en forma periódica, es un práctica corriente, calibrar el detector antes de iniciar una jornada de trabajo, pero en mediciones de periodos de tiempo extensos, es necesario implementar un ajuste automático de ganancia para no deteriorar la resolución energética de la medición debido a corrimientos de calibración. Existen distintas técnicas de estabilización. Las primeras técnicas de corrección se basaban en modificar la ganancia de un amplificador; de acuerdo al tipo de detector también es posible modificar la ganancia del sistema mediante la tensión de polarización del detector (Alta Tensión). En la actualidad se utilizan técnicas del campo del procesamiento digital de señales lo cual resulta en soluciones más robustas y flexibles.

III. SOLUCIÓN PROPUESTA

Se propone la implementación de un sistema de control automático de ganancia de un detector de NaI (Tl) para espectrometría Gamma utilizando la técnica de realineamiento de espectro. Esta técnica consiste en tomar muestras del espectro a intervalos regulares, si este intervalo es suficientemente pequeño respecto de la velocidad de variación de los parámetros con la temperatura, los corrimientos de ganancia serán despreciables dentro del intervalo. Luego a cada espectro tomado en un intervalo se le ajusta la ganancia, se lo realinea con el espectro de referencia y se lo suma al espectro total.

Debido a que el sistema de medición cuenta con una aplicación de PC ya desarrollada, se trabajó sobre esta aplicación modificándola para el agregado de la nueva funcionalidad. Los algoritmos desarrollados fueron implementados en una librería de software en lenguaje C#.

IV. MARCO TEÓRICO

4.1 Espectrometría con centelladores

La detección con centelladores ha sido usada desde los primeros días de la radioactividad y todavía hoy se sigue usando para mediciones de partículas alfa y beta, rayos Gamma y neutrones.

Hasta el advenimiento comercial de los detectores semiconductores, los detectores centelladores, en su mayoría basados en NaI, fueron el estándar para espectrometría Gamma. Incluso ahora su influencia en la espectrometría Gamma se nota, puesto que se relaciona la eficiencia de los detectores semiconductores al NaI.

4.2 Cadena de medición

Centellador: La función del cristal, es de producir luz al ocurrir la interacción de los rayos Gamma con el mismo. El proceso es el siguiente, los electrones primarios producidos por la interacción de los rayos Gamma, elevan electrones secundarios de la banda de conducción dejando huecos en la banda de valencia. Si el electrón puede desexcitarse bajando a la banda de valencia, emitirá radiación electromagnética. Si esta radiación está cerca de la longitud de onda visible, entonces puede ser detectado por el tubo fotomultiplicador. Esta es la base del funcionamiento del detector centellador.

Tubo fotomultiplicador PMT: La salida del cristal centellador, es una cantidad de luz que puede ser medida y convertida, en una señal eléctrica. Convencionalmente este trabajo es realizado por el tubo fotomultiplicador y consiste en:

- El fotón de luz emitido por el cristal, impacta una capa sensible a la luz (fotocátodo), que emite un fotoelectrón, según la eficiencia cuántica del PMT
- El fotoelectrón es enfocado electrostáticamente en la primera de una serie de multiplicadores de electrones llamados dinodos, estos emiten más electrones de los que reciben, por lo que amplifican la señal.
- La señal que se amplificó, en su recorrido a través de los dinodos es luego colectada en el ánodo y pasado a los circuitos de medición.

La salida de un detector de fotones Gamma, es en esencia una cantidad de carga, proporcional a la cantidad de energía del rayo Gamma, absorbida por el detector. La función de la cadena de medición, es de colectar esa carga, medir la magnitud y almacenar la información.

Una cadena de medición típica, puede observarse en la Figura 3

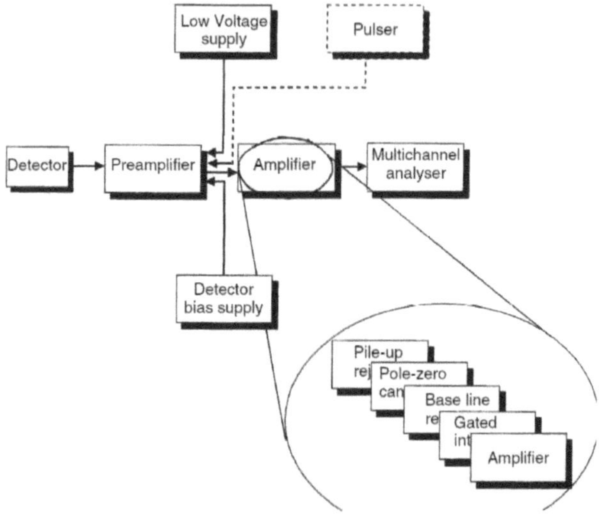

Figura 3. Esquema de la cadena de medición.

La fuente de alta tensión: provee el campo eléctrico para acelerar los fotoelectrones y generar el proceso de multiplicación en la cadena de dinodos obteniéndose típicamente una ganancia de 10^6. Esta señal de corriente es luego colectada en el preamplificador.

El preamplificador: tiene la función de hacer de interfaz entre el fotomultiplicador y el amplificador, colecta la carga generada por fotones luminosos en el fotocátodo y la convierte en una señal de voltaje. Está diseñado para mejorar la relación señal ruido.

El amplificador: los pulsos que salen del preamplificador, tienen flancos bruscos, por lo que no son adecuados para la medición de su amplitud, es aquí donde entra en funcionamiento el amplificador. La principal función es conformar los pulsos, es decir, darle una forma predefinida, mediante la utilización de filtros. La otra función del amplificador es la de amplificar propiamente dicho estos pulsos ya conformados, para esto generalmente se provee, de un ajuste de ganancia grueso y uno fino, de manera que el máximo voltaje de salida del amplificador sea igual al rango del MCA. Para espectrometría de alta resolución, los amplificadores deben proporcionar además cancelación de polo-cero, restauración de línea de base, y rechazo de apilamiento.

El analizador multicanal MCA: la salida del amplificador es un flujo de pulsos, conformados y acondicionados, tanto su amplitud como el tiempo de su aparición son variables aleatorias. La tarea del MCA, es medir la amplitud de cada pulso, en este caso mediante un conversor analógico-digital (ADC), en caso de estar fuera de un rango determinado, son rechazados, caso contrario se cuenta el número de pulsos en clasificados según su amplitud, es decir, se incrementa el número de pulsos en un canal correspondiente a su altura,. Como la altura de cada pulso es proporcional a la cantidad de energía absorbida por el detector, la lista de cuentas resultante, es una estimación del espectro Gamma.

4.3 Características de centelladores de NaI(Tl)

Los centelladores de ioduro de sodio con talio como activador, producen una elevada emisión de luz en comparación con otras tipos de detectores. Se pueden hacer crecer grandes cristales de ioduro de alta pureza al que fue añadida una fracción de talio como activador. Centelladores de inusual forma y tamaño pueden ser fabricados a partir de pequeños cristales. El NaI(Tl) es higroscópico y se deteriora debido a la absorción de agua si se expone a la atmosfera, es por esa razón que estos deben ser aislados en contenedores herméticos para su uso normal.

La propiedad más notable del NaI(Tl) es su excelente producción de luz. Una propiedad en común con otros centelladores inorgánicos, es que presenta una no proporcionalidad en la respuesta de centelleo con la energía depositada. Esta no proporcionalidad es más pronunciada a bajas energías. El centellador NaI ha sido aceptado como el material de centelleo estándar para espectroscopia de rayos Gamma de rutina y puede ser fabricado en una amplia variedad de tamaños y formas. El cristal es algo frágil y pude ser dañado fácilmente por choques mecánicos o térmicos.

El tiempo de decaimiento del pulso de centelleo es de 230 ns, el cual es largo para aplicaciones de alta tasa de conteo. En adición al rendimiento instantáneo hay una fosforescencia con un tiempo de decaimiento característico de 0.15 s, esta contribuye en aproximadamente 9% del rendimiento total de luz. La fosforescencia en bajas tasas de conteo es despreciable debido a que causan pulsos por debajo de la amplitud de interés, sin embargo en altas tasas de conteo causa un efecto indeseable.

Las propiedades descritas anteriormente son para NaI(Tl) operado a temperatura ambiente, sin embargo en algunas aplicaciones el centellador debe operar a más bajas o altas temperaturas.

En la Figura 4 se muestra la dependencia de la producción de luz en función de la temperatura para cristales de NaI con Tl como activador.

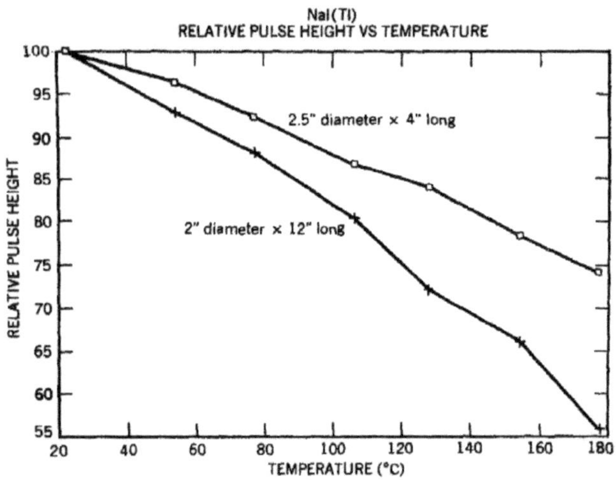

Figura 4. Altura del pulso en función de la temperatura para NAI

La caída del rendimiento de centelleo al incrementar la temperatura, que se da típicamente en la mayoría de materiales centelladores, resulta en una reducción de la resolución de energía cuando se debe usar el centellador a mayores temperaturas, o peor aun cuando se usa en un ambiente en el que hay una variación de temperatura en un rango apreciable.

4.4 Estabilización del espectro

La dependencia con la temperatura de la cantidad de fotones visibles generados en el detector para una dada energía Gamma, hace que en mediciones que abarquen un periodo de tiempo en el cual varíen las condiciones de temperatura, los picos sufran corrimientos en su posición, lo cual causa que los picos se ensanchen disminuyendo la resolución y en casos extremos pueden causar la aparición de picos inexistentes.

Este mismo efecto puede ser generado por efecto de inestabilidad en el sistema de procesamiento de pulsos, por ejemplo variaciones en la Alta tensión, variación de ganancia del amplificador. Es importante detectar la causa de los corrimientos para una mejor corrección.

Tanto la ganancia del sistema, afectando la escala de energía, como el nivel de cero afectando la intersección de la calibración de energía pueden modificarse.

Una manera de evitar este corrimiento consiste en estabilizar el espectro. El control del corrimiento es particularmente importante cuando se miden muy bajas actividades, lo cual puede requerir periodos de medición de varios días. Existen distintas formas de estabilizar el espectro, a continuación se explican las más comunes.

4.4.1 Estabilización analógica

Un estabilizador analógico usa la forma de un pico de monitoreo en el espectro para controlar la ganancia del sistema. Para esto se selecciona un pico, de preferencia uno que no sea afectado por otro pico cercano. Los pulsos son tomados del amplificador seleccionando dos canales a ambos lados del centroide del pico, estos pulso son acumulados por dos contadores y comparados por un amplificador operacional. Es la señal de este amplificador la que indica si hubo un desplazamiento. En operación normal la tasa en los canales limite será el mismo y si hubiese un desplazamiento del espectro, provocaría un desbalance en la tasa de los canales que antes era igual, este desbalance gatilla un ajuste en la ganancia de modo que el balance se alcance de nuevo. En al Figura 5 se muestra el esquema del estabilizador analógico descrito.

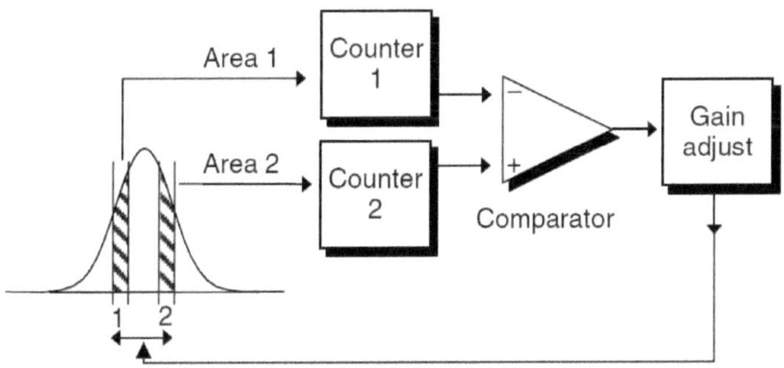

Figura 5. Estabilización analogía del espectro

Estadísticamente, es poco probable que las cuentas en los dos contadores sean igual, y para picos de alta energía y baja tasa de contaje la incerteza en estas cuentas es alta. Esto puede conducir a frecuentes e injustificadas alteraciones de la ganancia, incluso si ningún desplazamiento real ocurrió.

Para que un estabilizador analógico funcione correctamente, necesita que haya un pico bien definido en el espectro bajo medición, si no hubiese ese pico se tendría que introducir una fuente que genere dicho pico, lo que no es particularmente bueno debido a la contribución Compton al resto del espectro, por eso muchas veces se resuelve con un una fuente cuyo pico está por debajo de las energías de interés.

Debido a que la estabilización tiene lugar antes del MCA, no toma en cuenta el desplazamiento producido por este. Es difícil de operar y configurar e incluso en sistemas de baja resolución, el trabajo puede ser realizado mejor por sistemas de estabilización digital.

Es posible comprar detectores de centelleo de NaI(Tl) que contenga una pequeña cantidad de Am241. El rayo Gamma de 59.54 kev del Am241 provee un pico bien definido a bajas energías para que funcione el estabilizador, y las partículas alfa proveen un pico a aproximadamente 3 Mev como un marcador de altas energías.

4.4.2 Estabilización digital

Una vez adquirido un espectro se detectan los picos, y a continuación se utiliza esta información compensar cualquier desplazamiento, independientemente de su causa. Con este método se puede compensar tanto ganancia como desplazamiento del cero y al operar después del ADC se toma en cuenta todos los desplazamientos que ocurren en la cadena de procesamiento de señal.

En operación dos picos bien definidos son seleccionados, una a bajas energías y el otro a altas energías. Si se va a tomar una serie de muestras a ser medida, estos picos deben estar presentes en todas ellas. Luego por cada pico de estabilización se selecciona una ROI especificando un canal central y un ancho, típicamente dos veces el FWHM. Una vez que estas ROIs estén definidas, cuando empiece el conteo el estabilizador de espectros alterara la ganancia y el offset del amplificador, de modo que los centroides de los picos calculados en el contenido actual de los canales coincidan con los centroides de los picos definidos en el comienzo. Este método necesita de un amplificador con ganancia programable.

Antes de calibrar el sistema y definir las ROI del estabilizador, es aconsejable ajustar la ganancia externa del amplificador del sistema, de modo que ambos picos de monitoreo estén centrados en un canal ya que de otro modo se puede alterar la ganancia tan pronto como el estabilizador empiece a operar

4.4.3 Alineamiento de espectro

Una alternativa a la estabilización activa de ganancia, es de subdividir el periodo de medición en un número de pequeños intervalos y almacenar un espectro separado para cada uno. Si el tiempo de los intervalos es lo suficientemente pequeño, los desplazamientos de ganancia pueden ser despreciables en un solo intervalo. Sin embargo, si algún desplazamiento ocurre en el curso del tiempo total de medición, entonces los espectros individuales no estarán alineados exactamente. El grado de desalineamiento puede ser deducido mediante la localización de picos en el espectro.

Para una mayor precisión estadística, es en general deseable combinar todos los espectros en uno total, por lo que deben realinearse los espectros para ser sumandos coherentemente. Para el alineamiento de los múltiples espectros, los datos deben ser reordenados o distribuidos en un nuevo conjunto de canales de un espectro total, esta situación se muestra a en la Figura 6.

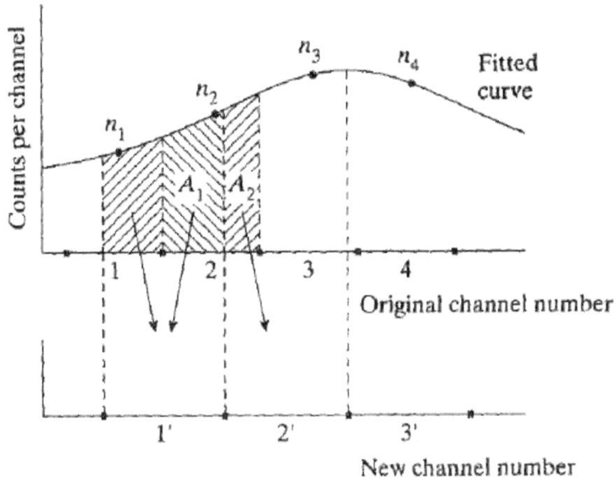

Figura 6. Proceso de realineamiento

La pregunta que surge es como el número de cuentas de un canal debe distribuirse en una cantidad de nuevos canales que abarcan su posición. La medición de cualquier espectro es un muestreo de una distribución continua dN/dH versus H, que caracteriza la fuente del pulso. Por tanto el número de cuentas en cualquier canal es proporcional al área bajo la distribución continua entre los límites del canal. Para reordenar los datos originales sería mejor re muestrear la distribución continua en los nuevos canales. Pero debido al ancho finito de cada canal, una cantidad de información se pierde en el proceso de muestreo original, y no se tiene un conocimiento perfecto de la distribución continua. Sin embargo si el ancho del canal es lo suficientemente pequeño de forma que la distribución continua cambia muy poco sobre el ancho del canal, entonces se puede ajustar una función analítica a los puntos que representan las cuentas en cada canal, el proceso de reordenamiento sigue los siguientes pasos.

- Un ajuste analítico es aplicado a los datos en la vecindad de los canales relocalizados para aproximar la distribución continua original.
- El área bajo la curva ajustada es determinada entre los límites del canal relocalizado, y la fracción de área que solapa los límites del canal original es determinada.
- Esta fracción es luego usada como factor de peso en el nuevo asignamiento de las cuentas de un canal original a uno dos o más canales nuevos, dependiendo el grado de solapamiento.

Si el reasignamiento de cuentas es llevado a cabo usando el proceso determinístico descrito, todas las cuentas en el espectro original serán reasignadas al nuevo espectro y el proceso conserva el área o número de cuentas absoluto. Pero debido a que las cuentas en cualquier canal original son distribuidas sobre múltiples nuevos canales, entonces el comportamiento estadístico de los datos relocalizados es modificado.

4.5 Métodos de localización de picos

4.5.1 Búsqueda de picos basados en derivadas

El más método más común usado para la búsqueda de picos es atribuido a Mariscotti [4] y en términos generales puede ser llamado el método derivativo. La Figura 7 muestra el principio de funcionamiento.

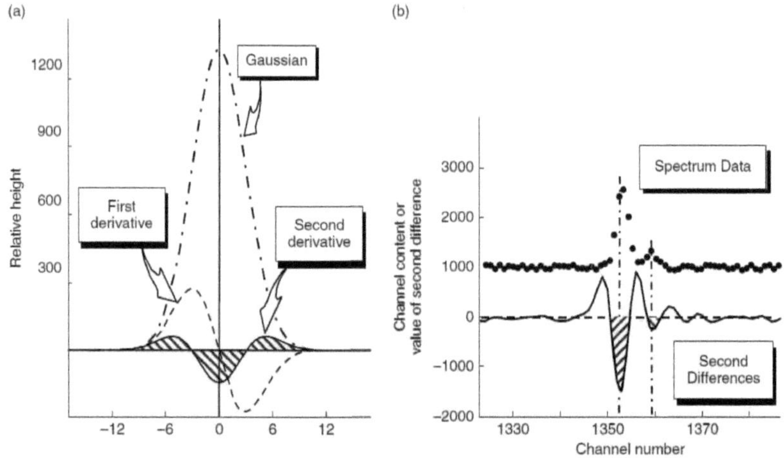

Figura 7. a) Primera y segunda derivada de una función Gaussiana. b) espectro y su segunda derivada suavizada

En la Figura 7a se observa la una función Gaussiana con su primera y segunda derivada. Ambas curvas tienen características que pueden usarse para detectar la presencia de picos. Por ejemplo, la primera derivada cambia de signo cuando cruza el centroide del pico y la segunda derivada alcanza el mínimo en el centroide. La tercera y cuarta derivada se han discutido como funciones de búsqueda potencial. Pero dado que los picos de rayos Gamma no son funciones matemáticas Gaussianas, si no histogramas que pueden aproximarse a curvas Gaussianas. Debido a esto no se puede calcular un diferencial como tal, pero se puede usar las diferencias entre canales como una aproximación del gradiente. Cabe mencionar que los métodos derivativos tienen problemas de incremento de ruido, por lo que es necesario el uso de filtros.

En el método de Mariscotti, después de obtener la segunda diferencia, se suaviza estos histogramas aplicando una media móvil, se realiza este suavizado una cantidad de veces determinada, Finalmente se encuentra los mínimos del histograma, que se encuentran en los centros de los picos. Luego de tener los mínimos se debe aplicar algún criterio de discriminación para determinar si es un pico real o no.

4.5.2 Búsqueda de picos usando métodos de correlación

Otro menos usado pero útil método de localización de picos, está basado en la correlación cruzada. Para ello se selecciona una función de búsqueda y se escanea a través de todo el espectro. Sobre el ancho de la función de búsqueda, se multiplica cada punto del espectro, por el valor correspondiente de la función de búsqueda. La suma de estos productos es un punto del espectro de correlación. Luego de aplicar un criterio para tomar en cuenta el continuo que hay debajo, cualquier canal en el espectro de correlación que sea mayor a cero, representa un canal con un pico. A diferencia del método derivativo, no se necesita suavizar el espectro después de la correlación cruzada.

El método de correlación es bastante general y no necesita usar una función Gaussiana como función de búsqueda, Aunque usar este tipo de función es bastante lógico pues se intenta encontrar picos que se aproximan a una distribución normal. Entonces la función de búsqueda puede ajustarse a la estructura de los datos e incluso se puede usar una función rectangular para simplificar los cálculos.

Se pueden usar también funciones de búsqueda de área cero en lugar de funciones Gaussianas, puesto que hay ciertas ventajas al usar este tipo de funciones. La más importante es que no se toma en cuenta el fondo pues este es automáticamente cero.

4.6 Estimación del centroide del pico

Una vez encontrado los lugares donde se encuentra los picos, se debe encontrar la posición exacta del centroide del pico. Es poco probable que el centroide del pico coincida con un canal en específico. Entonces debemos tener la forma de determinar la posición del centroide del pico incluso si esta se encuentra entre canales, es decir si es un numero decimal.

Un algoritmo muy usado consiste en calcularlo de la siguiente manera:

$$centroide = \frac{\sum C_i \cdot i}{\sum C_i} \tag{1}$$

Donde Ci es el número de cuentas en el i-esimo canal, el número de cuentas debe ser corregido para el continuo introducido por el fondo. Si se usó un método de búsqueda derivativo la suma debe realizarse sobre el área negativa de la segunda derivada en vez de sobre el espectro, para de este modo evitar la contribución del fondo. Y en caso de usar el método de correlación la suma debe realizarse en la parte positiva de la función correlacionada, que en caso de haberse usado una función de búsqueda de área cero, también se estaría eliminando la contribución del fondo.

4.7 Estimación del ancho del pico

Existen dos métodos simples para estimas el ancho del pico, usando interpolación entre canales o usando el área del pico, a continuación se describen ambos.

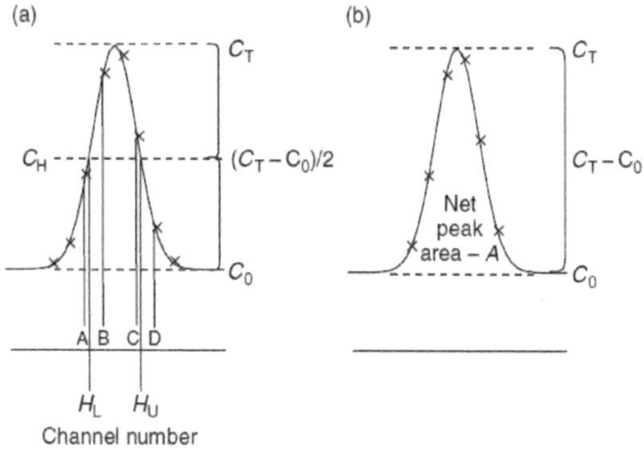

Figura 8. a) Estimación del ancho usando interpolación. b) estimación del ancho usando el área y la altura del pico

Algoritmo de interpolación entre canales:

a) Se estima la altura del pico Ct.

b) Se resta el fondo al pico, Co, basado en el fondo promedio a derecha e izquierda del pico (método de la triple ventana).

c) Se divide esta diferencia entre 2 y se lo suma al nivel de fondo, para obtener la cuentas esperadas a la altura media Ch

d) En el lado de bajas energías del pico, se encuentra el canal con cuentas menores a la altura media, más cercano y el canal superior siguiente y se hace una interpolación entre esos dos canales para encontrar la posición a la que se encuentra la altura media.

e) La posición de la altura media en la región de altas energías del pico, se calcula de la misma manera, interpolando.

f) Luego la diferencia entre esas dos posiciones de la altura media da como resultado el FWHM.

Una forma alternativa de estimar el FWHM, se basa en asumir que la forma del pico es Gaussiana. Para un detector correctamente configurado es razonable asumir esto y por lo tanto se puede aplicar una simple ecuación:

$$FWHM = \frac{0.939 * A}{(Ct - Co)} \tag{2}$$

Donde A es el área del pico y el denominador es la altura del pico corregida por el fondo. Esta expresión puede ser obtenida muy simplemente de la expresión analítica de una curva Gaussiana. Aunque muy simple este algoritmo no provee una expresión mucho más precisa que el método de interpolación. Otra dificultad con este segundo algoritmo es que para medir el área del pico, se puede necesitar el FWHM para definir los límites del pico.

4.8 Selección de los límites del pico

Asumiendo que ya se ha establecido la posición del pico en el espectro, antes de poder medir el área del pico se debe tomar una decisión acerca de los límites de esta. Limites muy alejados del centroide tenderán a incluir canales que en realidad son solo fondo o que son influencia de picos vecinos próximos. En el otro extremo una región de pico muy angosta que subestimara el área verdadera del pico.

Una estrategia simple es definir qué proporción del área total del pico se desea medir y fijar los límites de acuerdo a esto. Por ejemplo si se desea medir el 99.7% del área del pico y si asumimos que el pico es gaussiano, esto implicaría que para alcanzar el 99.7 % se debe tomar un ancho de 6 veces la desviación estándar, que es equivalente a aproximadamente 2.5 veces el FWHM. Entonces podemos definir los límites de integración del pico como 1.25 FWHM por debajo y por encima del centroide.

4.8.1 Limites determinados por media móvil mínima

En este método se busca un mínimo en una media móvil de 5 puntos. Sin embargo si la posición de los límites del pico siempre son elegidos los puntos mínimos, entonces la estimación del fondo del pico también será minimizada, y el área del pico tendera a ser siempre mayor. A pesar de esto se comprobó que el efecto de minimización del fondo es ligeramente significante para picos de áreas pequeñas e insignificantes en otros casos.

4.9 Medición del área del pico

En principio la medición del área del pico consiste en la suma de las cuentas de cada canal, de lo que consideremos sea parte del pico, y una resta del fondo que se encuentra debajo del pico.

El fondo bajo el pico, puede deberse a varios factores. En la mayoría de los casos, representa el continuo Compton de otras interacciones de rayos Gamma con el detector y en general el fondo natural.

4.9.1 Calculo del área por suma de cuentas

Para la medición del área del pico, el nivel de fondo es estimado usando los contenidos de los canales en los límites superior e inferior del pico:

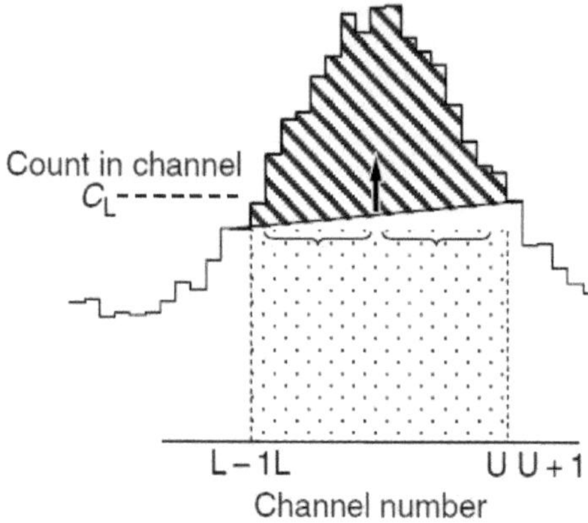

Figura 9. Calculo del área por el método de Covell

Si para estimar el fondo tomamos un canal más allá del límite de lo que consideramos la región del pico, entonces el área total será:

$$G = \sum_{i=L}^{U} C_i \tag{3}$$

Donde Ci son las cuentas en el canal iesimo. Y el fondo debajo del pico se estima como:

$$B = n * (C_{L-1} - C_{U+1})/2 \tag{4}$$

Donde n es el número de canales en la región del pico, y C_{L-1}, C_{U+1} son las cuentas en los canales inmediatamente superior e inferior a los límites del canal. Este fondo es matemáticamente, el área del trapecio de fondo debajo del pico. Pero es más sencillo tomarlo como la media de fondo por canal debajo del pico. El área neta del pico será:

$$A = G - B \tag{5}$$

La estimación del fondo puede hacerse más precisa al usar más canales para estimar la media de fondo por canal bajo el pico. En lugar de un solo canal, se tomara m canales después del límite superior y m después del límite inferior. Obteniéndose la siguiente ecuación para el área.

$$A = \sum_{i=L}^{U} C_i - n * \left(\sum_{i=L-m}^{L-1} C_i + \sum_{i=U+1}^{U+m} C_i \right) /2m \tag{6}$$

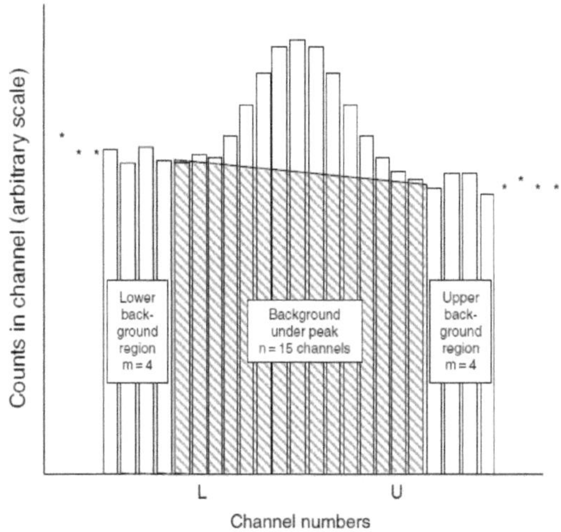

Figura 10. Calculo del área, usando m canales para definir el nivel de fondo

De la misma manera el fondo es considerado como el fondo promedio por canal, pero ahora se usa una región de m canales de ancho por debajo y por encima del límite del pico.

4.9.2 Optimo ancho para la estimación del fondo

Si bien al aumentar el ancho usado para la estimación del fondo se mejora la precisión de está, se debe tener en cuenta la posibilidad de la existencia de picos cercanos. Si seguimos aumentando el ancho, la mejora en la estimación disminuye, por esta razón los sistemas automáticos de análisis de espectro usan en general entre 3 y 5 canales de ancho.

V. DESARROLLO DE LA SOLUCIÓN

5.1 Algoritmo para búsqueda de picos

Para esta tarea se usa el algoritmo descrito por Mariscotti, el cual se basa en la utilización de la segunda derivada de la función. La ventaja de usar la segunda derivada en lugar de la primera, es que se tendrá un mínimo como indicador del pico, en lugar de tener un cruce por cero. Otros aspectos importantes del algoritmo son que usa el negativo de la segunda derivada, para tener un máximo en lugar de un mínimo y puesto que el espectro es una función discreta, se usara la diferencia entre canales como aproximación del gradiente.

Primero para el cálculo del negativo de la segunda derivada se usa la segunda diferencia centrada:

$$SD[i] = -C[i-1] + 2 * C[i] - C[i+1] \tag{7}$$

Donde SD[i] es la segunda diferencia en el iesimo canal, C[i] es el espectro en el canal i, C[i-1] y C[i+1], son el espectro en el canal previo y siguiente al canal i, respectivamente.

A continuación se suaviza las fluctuaciones a plazos cortos de la segunda diferencia, para esto se aplica una media móvil, pero centrada para que no haya corrimientos del espectro.

$$SD_{avg}[i] = \frac{\sum_{j=-m}^{m} SD[i+j]}{2m+1} \tag{8}$$

Donde SDavg[i] es la segunda diferencia suavizada y 2m+1 es el ancho de la ventana de la media móvil, es decir cuántos valores se promedian para cada canal. Esta media móvil se aplica 5 veces a la segunda diferencia para obtener el mejor resultado.

Se calcula la desviación estándar de la segunda diferencia:

$$SSD[i] = C[i-1] + 4 * C[i] + C[i+1] \tag{9}$$

Donde SSD[i] es la desviación estándar de la segunda diferencia. Al igual que en la segunda diferencia, la desviación estándar también se suaviza de la misma forma y adicionalmente se le saca la raíz cuadrada.

$$SSD_{avg}[i] = \sqrt{\frac{\sum_{j=-m}^{m} SSD[i+j]}{2m+1}} \tag{10}$$

Y al igual que la segunda diferencia, también se le aplica 5 veces la media móvil a la desviación estándar.

En lugar de usar la segunda diferencia para encontrar los picos, Mariscotti usa la relación entre la segunda diferencia y su desviación estándar. Es por esto que se debe calcular esta relación:

$$SS[i] = \frac{SD_{avg}[i]}{SSD_{avg}[i]} \tag{11}$$

Entonces para encontrar los picos se busca en la relación SS los valores que sobrepasen un dado umbral, de este modo se asegura que no se detectaran picos falsos. Se almacena en una variable picos[], la posición de los mismos.

5.2 Algoritmo para calcular el centroide

El cálculo del centroide se lo hace mediante una media ponderada, para lo cual se debe encontrar los límites, dentro de los que se realizara la sumatoria. Se parte de la posición en la que se encuentran los picos, estas posiciones se encontraron con el algoritmo de búsqueda de picos.

Para cada posición del vector picos, se hace lo siguiente: La posición almacenada en picos[j], es una posición próxima al centro del pico, entonces se recorre el vector de la segunda diferencia, partiendo de la posición picos[j] y avanzando a la izquierda de esta, hasta encontrar el primer valor negativo y se obtiene su posición L[j], es decir el cruce por cero en la región se bajas energías. Se hace lo mismo pero por derecha, para encontrar U[j] que es la posición del cruce por cero en la región de altas energías. Finalmente se calcula el centroide de la siguiente manera:

$$centroide[j] = \frac{\sum_{i=L[j]}^{U[j]} C[i] * i}{\sum_{i=L[j]}^{U[j]} C[i]} \tag{12}$$

Donde C[i] es el número de cuentas en el canal i.

5.3 Algoritmo para cálculo de FWHM, área y resolución.

Puesto que para el cálculo del FWHM, se necesita conocer el nivel estimado de fondo, lo mismo que para el cálculo del área. Y para estimar el nivel de fondo se necesita determinar los límites del pico, tarea que se realiza usando el FWHM, entonces la solución que use consiste en calcular un primer FWHM sin considerar el nivel de fondo, y con este estimar el nivel de fondo y calcular el área. Luego con el nivel de fondo encontrado se recalcula el FWHM. Luego se puede realizar esta tarea iterativamente, hasta que se converja a un resultado. El algoritmo que se usa es el siguiente:

Si es la primera iteración, entonces se calcula el FWHM sin tomar en cuenta el nivel de fondo (ya que no se cuenta con ningún valor para este). Para ello primero se encuentra la altura media, dividiendo la altura en el centro del pico entre 2, luego se busca el primer canal hacia la izquierda del centro, cuyas cuentas sean menor que el valor de la altura media y se calcula la posición del canal a la altura media, mediante el método de interpolación.

Se prosigue de la misma manera, pero hacia la derecha del centro. Finalmente se calcula el FWHM restando el canal de altura media a la derecha del centro menos el de la izquierda.

Teniendo calculado el primer FWHM, se procede a calcular los límites del pico, que simplemente serán 1.25*FWHM a la izquierda del centro, y 1.25*FWHM a la derecha del centro. Se elige este valor, porque si asumimos que la forma del pico es Gaussiana, entonces con un ancho de 6 veces la desviación estándar se toma en cuenta 99.7% del área del pico, ese ancho de 6 veces la desviación estándar equivale a aproximadamente 2.5*FWHM.

Ahora que ya se tiene los límites del pico, se procede a estimar el nivel de fondo. Para esto se promedia las cuentas de los 5 canales por debajo del límite inferior del pico y 5 canales por encima del límite superior, entonces el nivel de fondo promedio por canal será:

$$C_0 = \left(\sum_{i=L-5}^{L-1} C_i + \sum_{i=U+1}^{U+5} C_i \right) / 10 \tag{13}$$

Donde C_0 es el nivel promedio de fondo por canal, Ci es el número de cuentas en el canal i, L es el límite inferior del pico y U es el límite superior.

Se calcula el área, mediante una simple suma de cuentas, en los canales que están dentro del límite del pico. Se debe tomar en cuenta el nivel de fondo para realizar la suma:

$$A = \sum_{i=L}^{U} (C_i - C_0) \tag{14}$$

Donde A es el área neta del pico, C_i son las cuentas en el canal i y C_0 es el nivel promedio de fondo por canal.

Se recalcula el FWHM usando el área y la altura del pico para esto:

$$FWHM = \frac{0.939 * A}{(Ct - Co)} \tag{15}$$

Donde $(Ct - C_0)$ es la altura del pico habiéndose corregido el nivel de fondo.

Con el nuevo FWHM se calcula la resolución, como la división del FWHM entre el centroide del pico y multiplicado por 100 para obtener el resultado en %.

$$Resolucion = \frac{FWHM}{centroide} * 100 \tag{16}$$

Debe notarse que con el nuevo FWHM encontrado, se puede recalcular todos los parámetros del pico, incluyendo los límites del pico, el nivel de fondo y el área del pico. De hecho se realiza un ciclo iterativo para obtener un resultado más preciso.

Se realiza este ciclo hasta que el FWHM converja a un valor, es decir que la diferencia entre el FWHM anterior y el FWHM actual sea menor a un valor establecido.

5.4 Algoritmo para el realineamiento de canales

El realineamiento de canales, básicamente consiste en cambiar de tamaño los espectros, es decir, expandir o comprimir el espectro a otro de mayor o menor número de canales, respectivamente. Debe notarse que el número de cuentas totales del espectro debe mantenerse, puesto que el procedimiento reordena las cuentas a un nuevo conjunto de canales.

Para este acometido, se parte del espectro, al que se quiere cambiar su tamaño, y el factor por el cual se modifica el número de canales. Supongamos que se tiene un factor de cambio de 2/3 y un espectro de tres canales, entonces el nuevo espectro tendrá dos canales. El procedimiento de reordenamiento se describe a continuación.

Se empieza repitiendo cada canal, del espectro original mostrado en la Figura 11 a), tantas veces como canales tenga el nuevo espectro realineado mostrado en la Figura 11 c), se obtiene de esta forma un espectro intermedio mostrado en la Figura 11 b), cuyo tamaño será el producto de canales del espectro original y el espectro realineado.

De este espectro intermedio, se suman tantos canales como el espectro original tenga, y se divide esta suma entre el número de canales que tiene el espectro realineado. Esta suma se asigna al respectivo canal del espectro realineado. La Figura 11 muestra los espectros obtenidos, en el proceso de realineamiento.

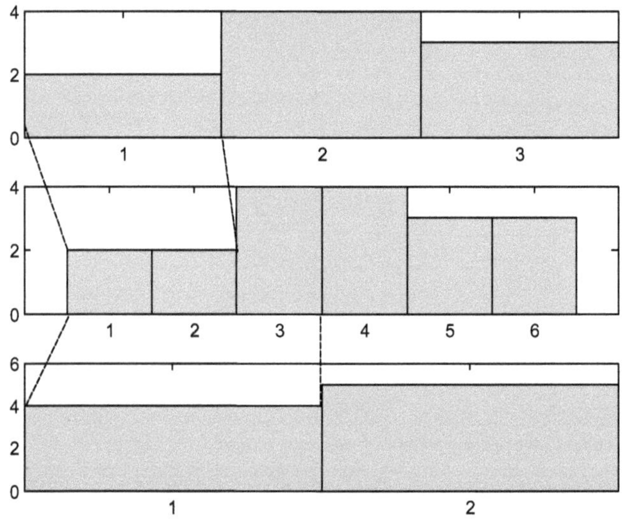

Figura 11. a) Espectro original. b) Espectro expandido. c) Espectro realineado

5.5 Algoritmo de estabilización con un solo pico de referencia

Esta es la parte principal de todo el trabajo, la estabilización. En esta se utilizan los anteriores algoritmos, tales como la búsqueda de picos, cálculo de parámetros del pico y realineamiento. Un aspecto importante es determinar el intervalo tras el cual se toma un espectro para realinearlo. Este tiempo depende de la cantidad de cuentas que tenga el pico. Si se tiene muy pocas cuentas, la determinación de la posición del pico es bastante difícil y la incerteza es mayor. Una posible solución para esto es, aumentar el intervalo, para que aumente el número de cuentas en el pico, pero esto puede causar que la variación de la temperatura sea considerable en el intervalo. El algoritmo se describe a continuación.

Como primer paso, se usa el algoritmo de búsqueda de picos, para obtener la posición del pico a estabilizar y del pico de referencia. Como solo se tiene un pico de referencia, entonces solo se puede modificar la ganancia del sistema. La ganancia se calcula de la siguiente manera:

$$G = \frac{PR}{PN} \tag{17}$$

Donde PR es la posición del pico de referencia y PN es la posición del pico nuevo a estabilizar.

Luego de tener la ganancia se procede a realinear el espectro, usando el algoritmo de realineamiento. Una vez realineado el espectro, este nuevo espectro realineado tendrá un número distinto de canales al espectro original, por tanto se debe aumentar o reducir canales, para igualar el número de canales, al del espectro original. Finalmente se suma el espectro realineado, a un espectro total, que se guarda en paralelo al espectro obtenido por el MCA.

5.6 Algoritmo de estabilización con dos picos de referencia

Este es el modo de operación más recomendable, porque al usar dos picos, se puede corregir no solo la ganancia, sino también el offset del espectro. Debiendo de este modo mejorar el rendimiento de la estabilización. Un parámetro importante a tomar en cuenta, es el hecho de que idealmente los picos de referencia deberían estar, uno en bajas energías y el otro en altas energías, pero esto no siempre es posible, debido a las fuentes de referencia que se va a usar y a los picos que se van a medir. El algoritmo si bien es similar al de estabilización con un pico, hay algunas variaciones:

Al igual que con un solo pico, también se busca los picos en los espectros de referencia y el espectro a estabilizar, la diferencia está en que ahora se tendrá 2 picos de referencia PR1, PR2 y dos picos nuevos del espectro a realinear, PN1, PN2. En este caso se tiene dos puntos de una recta y se usa, por tanto se usa la ecuación de una recta que pasa por dos puntos para obtener la ganancia y el offset.

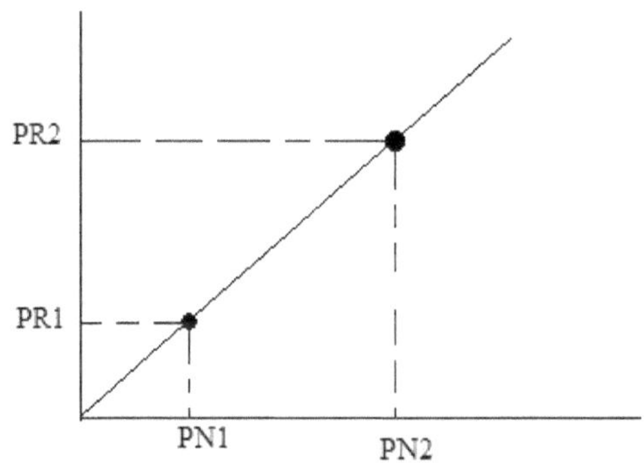

Figura 12. Ajuste usando dos picos de referencia

La ecuación que pasa por los dos puntos se obtiene de:

$$\frac{PR - PR1}{PN - PN1} = \frac{PR2 - PR1}{PN2 - PN1} \tag{18}$$

Despejando PR de la ecuación (18) se obtiene:

$$PR = \frac{PR2 - PR1}{PN2 - PN1} * PN - \frac{PR2 - PR1}{PN2 - PN1} * PN1 + PR1 \tag{19}$$

De la ecuación (19) se deduce, que para que el pico nuevo sea igual al pico de referencia, se le debe aplicar una ganancia G y sumar un offset.

$$G = \frac{PN2 - PN1}{PR2 - PR1} \tag{20}$$

$$offset = PR1 - \frac{PN2 - PN1}{PR2 - PR1} * PN1 \tag{21}$$

Para realinear el espectro, se usa también el algoritmo de realineamiento de espectro, pero en una forma un poco modificada. La diferencia reside en que después de realinear el espectro que es el equivalente a aplicarle una ganancia, se desplaza el espectro realineado, en una cantidad de canales igual al offset, calculado.

Luego de tener el espectro realineado, se cambia el número de sus canales, para igualar al número de canales del espectro de referencia. Finalmente se suma el espectro realineado, al espectro total, que está en paralelo a al espectro entregado por el MCA.

VI. RESULTADOS

6.1 Estabilización usando el software con interfaz grafica

Para verificar el correcto funcionamiento del software, se armó el banco de trabajo mostrado en la Figura 13, este consta del detector, la fuente de alimentación de 12V que necesita el detector, la fuente de Cobalto 60 que generara los picos de referencia y la computadora a la que se conecta el detector.

Figura 13 Banco de trabajo usado para verificar el funcionamiento

6.1.1 Estabilización de espectro, usando un pico de referencia

Para comprobar la eficacia del sistema de estabilización, se realizó la siguiente experiencia. Se dispuso el detector, y se coloco una fuente de cobalto 60 junto a este. Se varió la alta tensión del detector, para simular el corrimiento de ganancia provocado por la temperatura. Esta variación se la realizo de forma manual, variando un trimmer del detector. Se muestra en la Figura 14 la captura de pantalla del software, después de un tiempo de funcionamiento.

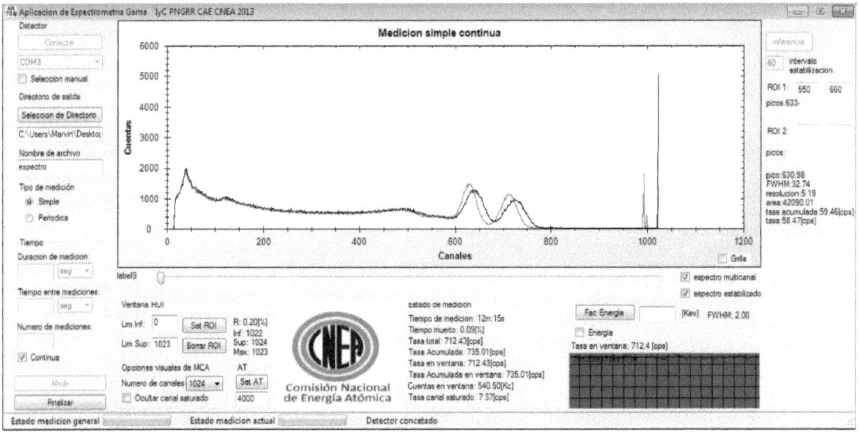

Figura 14. Captura de pantalla del software durante estabilización usando un pico de referencia

Antes de comenzar la medición, se selección la región de interés del pico de referencia, cuyo centro se encuentra en el canal 630, luego se selecciona el intervalo, tras el cual se realinea un espectro y se lo suma al espectro total estabilizado. El espectro rojo es al que se le aplico la estabilización y el negro es el espectro sin estabilización, es decir el que es obtenido del MCA. Se puede observar que el ancho del pico del espectro sin estabilización, aumento debido a la variación de la ganancia y que en el espectro estabilizado, el ancho de los picos, no se vio afectado por la variación de la ganancia.

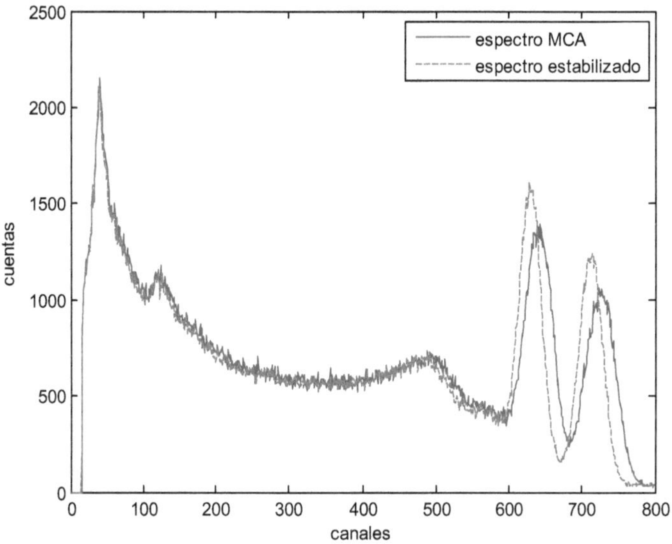

Figura 15. Estabilización usando un pico de referencia. El trazo azul solido es el espectro sin estabilización, el trazo verde rayado es el espectro estabilizado.

El software genera al final de la medición, los archivos correspondientes al espectro estabilizado y al espectro sin estabilizar, en la Figura 15, se muestra el grafico realizado en Matlab de los espectros entregados por la aplicación. En la Tabla 1 se compara las resoluciones de los espectros estabilizados y sin estabilizar, la mejora es de 1% que si bien no es mucho, debe tenerse en cuenta que la duración de la medición es bastante corta, solo 12 minutos, por lo que el corrimiento de ganancia también pequeño.

Tabla 1. Resolución de los espectros de la estabilización usando un pico de referencia

Tipo de estabilización	Resolución a 1.17 Mev[%]	Resolución a 1.33 Mev[%]
Sin estabilización	6.57	6.23
Estabilización usando un pico	5.38	5.11

6.1.2 Estabilización de espectro, usando dos picos de referencia

Para este caso, también se colocó el detector en el mesón, con la fuente de cobalto 60, la diferencia está en que esta vez se realizara la estabilización usando dos picos de referencia, aprovechando que el cobalto tiene dos rayos Gamma. Para esto se selecciona dos ROIs en la interfaz gráfica, una para cada pico de referencia, una vez seleccionado esto y el intervalo de estabilización, se comienza la medición. Este modo de operación es mejor puesto que no solo se corrige la ganancia, sino también el offset.

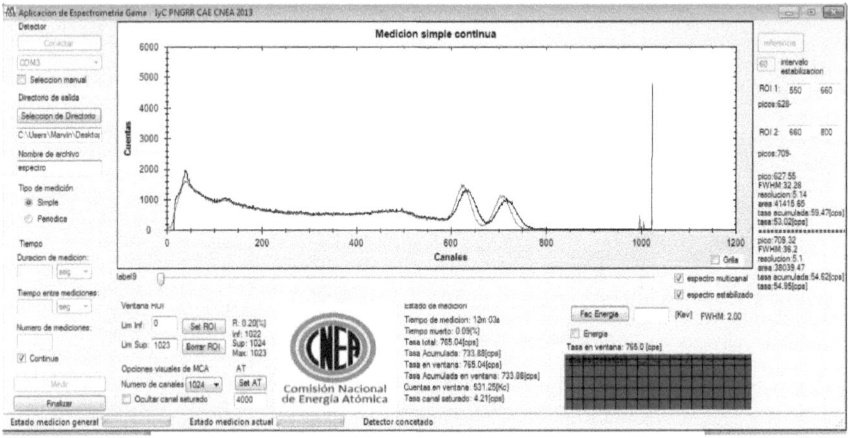

Figura 16. Captura de pantalla del software durante estabilización con dos picos de referencia

En la Figura 16 se observa que los picos de referencia se encuentran en los canales, 627 y 709, al igual que en el anterior es apreciable el corrimiento de ganancia, que genera un pico más ancho. El espectro rojo es el que está estabilizado y el espectro negro es el entregado por el MCA, es decir sin estabilización.

La Figura 17 muestra el grafico realizado en Matlab, de los espectros entregados por la aplicación, y en la Tabla 2 se compara las resoluciones, del espectro estabilizado y sin estabilizar. La mejora es también en 1% y el tiempo de medición es también 12 minutos

Tabla 2. Resolución de los espectros de la estabilización usando dos picos de referencia

Tipo de estabilización	Resolución a 1.17 Mev[%]	Resolución a 1.33 Mev[%]
Sin estabilización	6.44	6.19
Estabilización con 2 picos	5.39	5.12

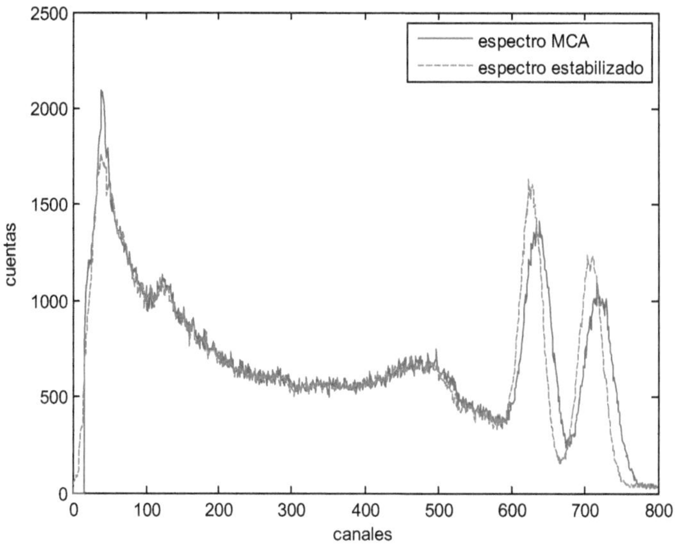

Figura 17. Estabilización usando dos picos de referencia. El trazo azul solido es el espectro sin estabilización, el trazo verde rayado es el espectro estabilizado.

6.2 Estabilización medición 1 en cámara térmica.

La siguiente estabilización se realizó usando como datos la primera medición realizada en la cámara térmica, esta medición se llevó a cabo bajo las siguientes condiciones. Se dispuso el detector, en una cámara térmica para poder controlar la variación de la temperatura, se configuro en la cámara térmica la variación de la temperatura como una recta con una cierta pendiente, y un offset de temperatura de 1 °C. Se colocó una fuente de Cs137, para obtener el pico de referencia con el cual se realizara la estabilización. Luego se procedió a tomar espectros de 1 minuto de duración, la medición consta de aproximadamente 350 espectros, por lo que el tiempo total de medición fue de aproximadamente 350 minutos.

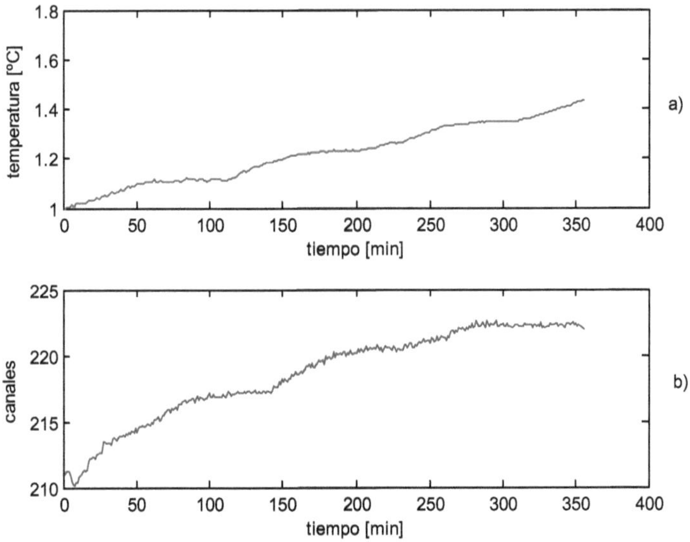

Figura 18. a) Variación de la temperatura de la medición 1 en cámara térmica. b) Variación de la posición del fotópico.

La Figura 18 a) muestra la variación de la temperatura medida en la cámara térmica en función del tiempo de medición, en esta se observa que la variación de temperatura es efectivamente una pendiente, como se configuro en la cámara térmica, siendo el rango de variación de la temperatura de aproximadamente 1.5 °C. La Figura 18 b) muestra la variación de la posición del fotópico en función del tiempo de medición, esta confirma la dependencia de la ganancia del detector con la temperatura.

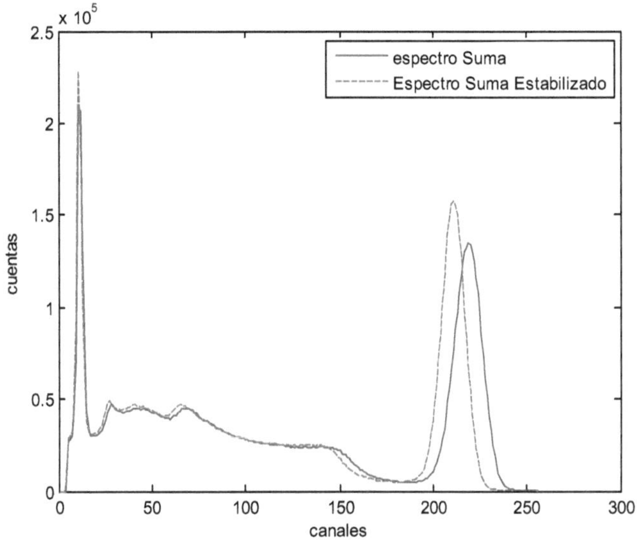

Figura 19. Comparación espectro, estabilizado y sin estabilizar, medición 1 en cámara térmica

Para la estabilización se toma como referencia el primer espectro tomado, y se realinean los siguientes espectros para igualar a este. Se muestra en la Figura 19. La comparación del espectro suma total estabilizado y el espectro suma sin estabilizar. Se observa claramente que el espectro estabilizado, tiene una mejor resolución. Puede observarse en la Tabla 3. La resolución tanto la del espectro sin estabilización, como la del espectro estabilizado, obteniéndose una mejora de resolución de casi 1%

Tabla 3. Resolución de los espectros de la medición 1 en cámara térmica

Tipo de estabilización	**Resolución a 662 kev [%]**
Sin estabilización	7.92
Estabilización con 1 pico de referencia	7.06

6.3 Estabilización medición 2 en cámara térmica

La medición 2 en cámara térmica, se realizó en condiciones similares a la primera, se colocó el detector en la cámara térmica, se configuro una variación un poco más complicada, a la anterior, en este caso, empieza con una reducción de la temperatura, para luego pasar a un aumento de temperatura, luego otra reducción y finalmente un valor constante. También se usó una fuente de cesio 137 para tener el pico de referencia. A continuación se procedió a tomar espectros con intervalo de 1 minuto, igual que en la anterior medición. La diferencia en esta medición es que el tiempo de medición es mucho mayor al anterior, lográndose obtener 2200 espectros, lo que equivale a un tiempo de medición de 2200 minutos o aproximadamente 36 horas.

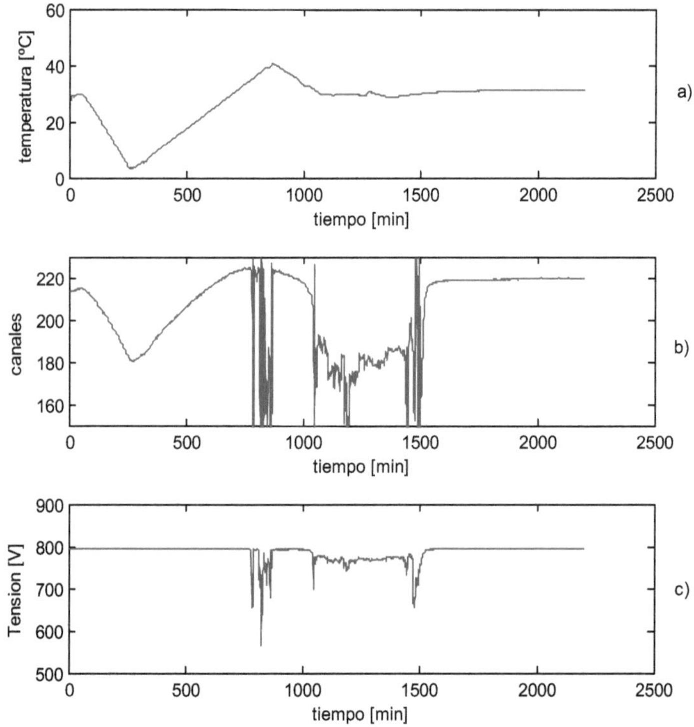

Figura 20. a) Variación de la temperatura de la medición 2 en cámara térmica. b) Variación de la posición fotópico. c) Valor de la alta tensión del PMT

En la Figura 20a) se observa la variación de la temperatura, medida en la cámara térmica, esta presenta un rango de variación de 37 ºC, además que el comportamiento de la temperatura se asemeja a la variación de la temperatura ambiente.

En la Figura 20 b) se observa el comportamiento de la posición del fotópico en función del tiempo, comprobando que depende de la temperatura, debe notarse que a partir del minuto 750 aproximadamente, ocurre unas variaciones muy abruptas en la posición del fotópico, esto es debido a la falla en la fuente de alta tensión del PMT, para comprobar esto se midió también el valor de la alta tensión del PMT, mostrándose su comportamiento en la En la Figura 20 c). Estas dos últimas figuras explican por qué la posición del fotópico sufre variaciones abruptas, entre los minutos 750 y 1500, siendo estas atribuidas a la falla de la fuente de alta tensión, que al igual que la posición del fotópico, tiene variaciones abruptas entre los minutos 750 y 1500.

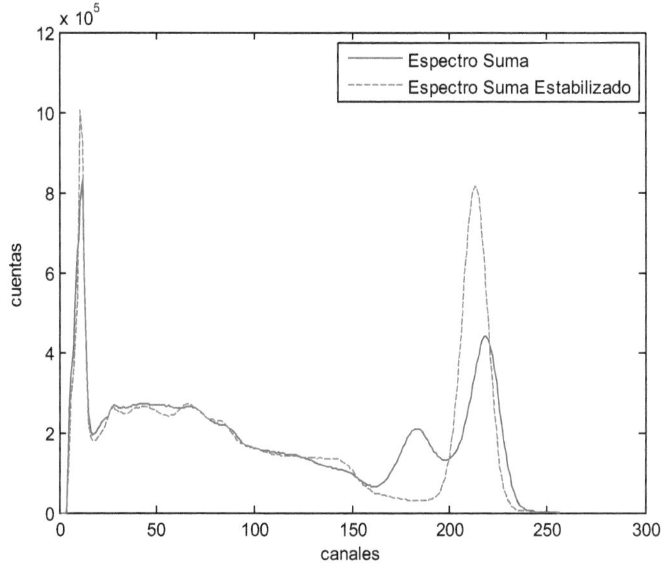

Figura 21. Comparación del espectro estabilizado y sin estabilizar, para la medición 2 en cámara térmica

Al igual que en la anterior medición, se tomó como referencia el primer espectro y se realineo los siguientes para igualar a este. Se observa en la Figura 21 la comparación entre el espectro estabilizado y el espectro sin estabilizar. Esta estabilización, es muy importante porque muestra, que el algoritmo puede corregir no solo corrimientos de ganancia causados por la variación de temperatura, si no también corrimientos causados por el malfuncionamiento de la fuente de alta tensión. Sin embargo no se pudo realinear todos los espectros en los que variaba la fuente de alta tensión, debido a que en algunos casos, la variación era tan alta que el espectro no mostraba pico alguno, solo ruido. Obviando los espectros en los que no había picos, que eran en realidad muy pocos (8 de los 2199), se pudo realinear todos los demás espectros, independientemente de si su corrimiento de ganancia se debía a la variación de la temperatura o a la falla de la alta tensión.

En la comparación también se observa, que el espectro sin estabilizar esta tan deformado, que el pico fácilmente puede ser confundido con 2 picos, provocando efectos más severos que una disminución de la resolución. Entonces para calcular la resolución, en el caso del espectro sin estabilización, lo normal sería usar la deconvolucion, para calcular los anchos de los dos picos, proceso que se muestra en la Figura 22.

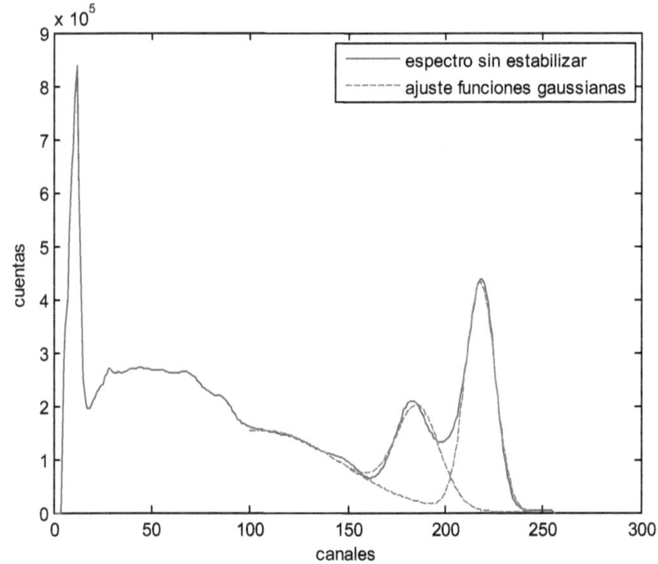

Figura 22 Ajuste a funciones Gaussianas, para calcular la resolución

La resolución de los dos picos del espectro no estabilizado, obtenidos por deconvolución, así como la resolución del espectro estabilizado, se muestran en la Tabla 4. Estos resultados muestran las graves consecuencias que pueden llegar a causar el corrimiento de la ganancia

Tabla 4. Resolución de los espectros de la medición 2 en cámara térmica

Tipo de estabilización	**Resolución a 662 kev[%]**	
Sin estabilización	14.14	8.32
Estabilización con 1 pico de referencia	7.28	

6.4 Estabilización medición 3 en cámara térmica.

Para la medición 3 se usó también la cámara térmica. En este caso se configuro la temperatura, para que suba hasta una temperatura deseada y luego baje a la temperatura inicial, pero trabajando a altas temperaturas. Se realiza esta experiencia a altas temperaturas, para comprobar si la falla de la fuente de alta tensión está relacionada con la temperatura. También se usó una fuente de cesio 137 para obtener el pico de referencia. Al igual que en anteriores mediciones se tomaron espectros de 1 minuto de duración y se obtuvieron 221 espectros, por tanto la medición duro 221 minutos.

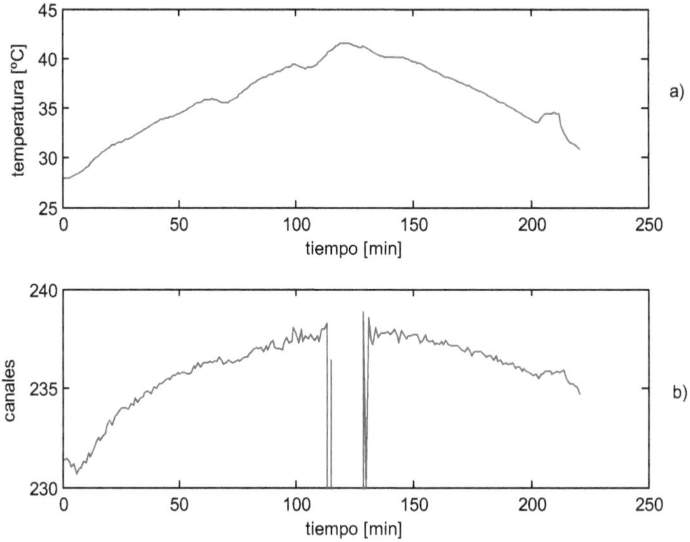

Figura 23. a) Variación de la temperatura en la medición 3 en carama térmica. b) Variación de la posición del fotópico

En la Figura 23 a) se muestra la variación de la temperatura, que se registró en la cámara térmica, en la Figura 23 b) se muestra la variación de la posición del fotópico, que se asemeja a la variación de la temperatura, puesto que su dependencia es aproximadamente lineal. Se observa además que la posición del fotópico desaparece entre los minutos 115 y 130, esto es al igual que en la anterior medición debido a la falla de la fuente de alta tensión, pero en este caso se logró determinar, que la falla de la fuente de alta tensión se debe a la elevada temperatura a la que fue expuesto el detector. Esto se deduce, puesto que el rango en que falla el detector, concuerda con el pico de temperatura. Con esto se concluye que usando esa fuente de alta tensión no se puede usar el detector a temperaturas próximas a 40°C.

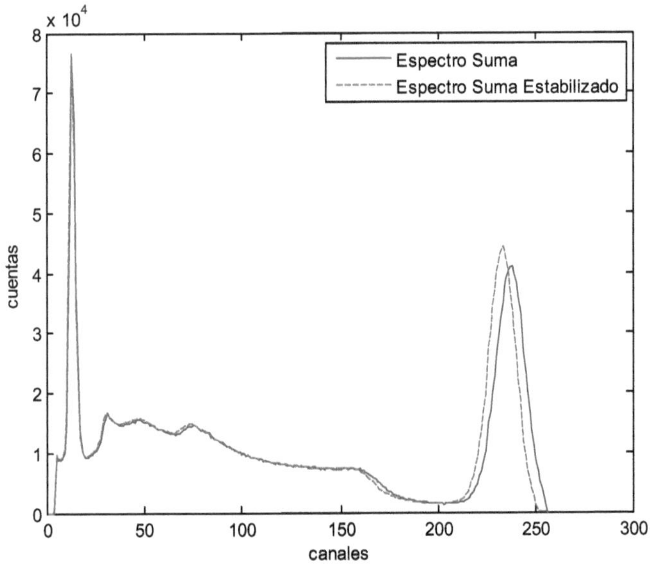

Figura 24. Comparación espectro estabilizado y sin estabilizar para la medición 3en cámara térmica

En la estabilización, se tomó el primer espectro como referencia, y se realinean los siguientes para igualar a este, la resolución del espectro estabilizado y no estabilizado se muestran en la Tabla 5. Puesto que el tiempo de medición es relativamente corto, el corrimiento de la ganancia es también pequeño. Se logró una mejora de la resolución de 0.6%

Tabla 5. Resolución de los espectros de la medición 3 en cámara térmica

Tipo de estabilización	**Resolución a 662 kev [%]**
Sin estabilización	7.62
Estabilización con 1 pico de referencia	7.03

6.5 Estabilización medición del cementerio de combustibles

Esta medición es la más importante, pues esta se realiza bajo condiciones de operación real. Para esto se coloca el detector, en el cementerio de combustibles, que es un galpón y por tanto estará expuesto a condiciones de exteriores. En este caso se usó una fuente de cobalto 60, que tiene 1 pico a 1117 kev y otro a 1133 kev, al tener 2 picos se puede comparar en esta medición, la estabilización usando 1 pico y usando 2 picos de referencia.

Al igual que en anteriores mediciones, también se tomaron espectros de 1 minuto. Se obtienen 2187 espectros, lo que implica que el tiempo de medición es de 2187 minutos, que son aproximadamente 36 horas.

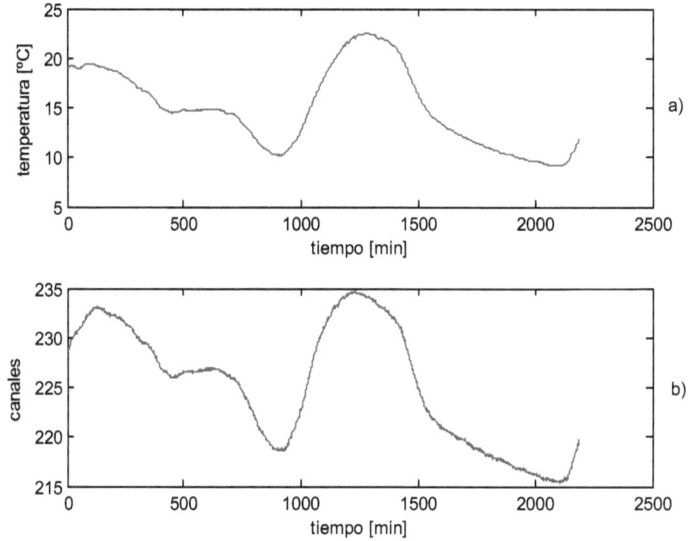

Figura 25.a) Variación de la temperatura en la medición del cementerio de combustibles. b) variación de la posición del fotopico

En la Figura 25 a), se muestra la variación de la temperatura durante la medición, esta variación ocurre en un rango de 13.4 ºC, con un máximo de 22.5 ºC y un mínimo de 9.12 ºC. Es remarcable mencionar, que habiendo determinado en la anterior medición, que la fuente de alta tensión fallaba a temperaturas mayores de 40 ºC, entonces se sustituyó la fuente de alta tensión, por otra que soporta mayores temperaturas. Si bien en esta medición no se llega a esas temperaturas, puede haber mediciones en las que si se llegue.

En la Figura 25 b), se muestra la variación de la posición del pico, en este caso al no fallar la alta tensión, se mantiene proporcional a la variación de temperatura.

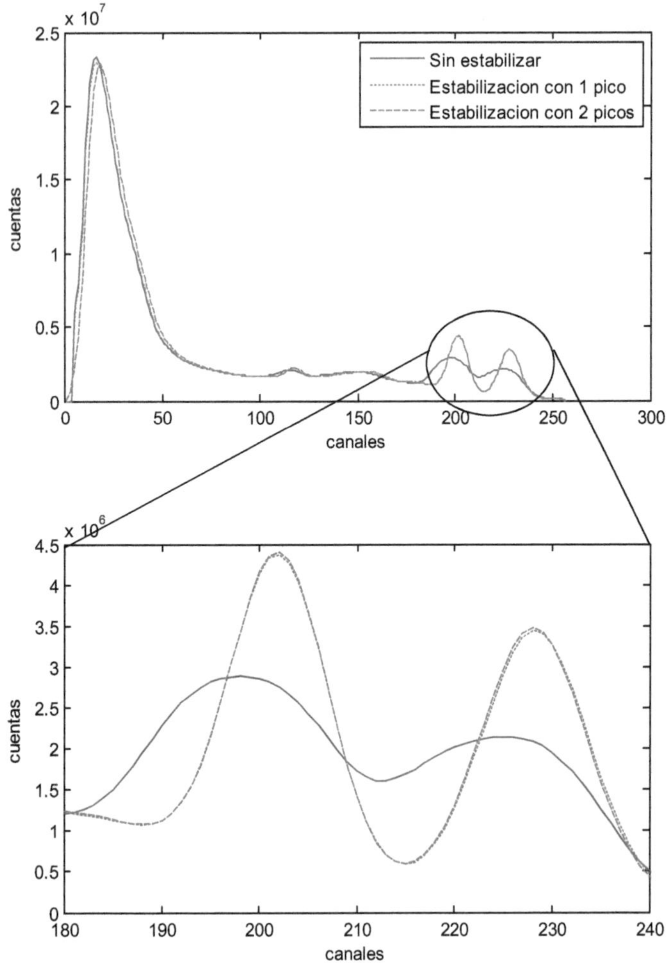

Figura 26. Comparación espectro usando un pico de referencia y dos picos de referencia, para la medición en el cementerio de combustibles.

Para esta medición también se tomó el primer espectro como referencia, y se hicieron 2 estabilizaciones, la primera usando solo el pico de 1133 kev del cobalto, debido a esto solo se puede corregir corrimientos de ganancia. En la segunda estabilización se usaron los dos picos del cobalto, pudiéndose corregir tanto el corrimiento de ganancia, como el de offset.

En la Figura 26 se compara los espectros estabilizados y el espectro sin estabilizar, en cuanto a los espectros estabilizados, se nota que la diferencia entre la estabilización usando 1 pico y usando 2 picos es mínima, casi imperceptible. Sin embargo al comparar las resoluciones del pico de 1133 kev mostrados en la Tabla 6, se obtiene que en la estabilización usando 2 picos la resolución mejora un poco más que en la estabilización usando 1 pico de referencia, esta mejora es de 0.06%.

La Tabla 6, muestra también, que al ser una medición bastante larga y con una variación de temperatura, en un rango amplio y con una tasa de variación bastante uniforme, la resolución del espectro sin estabilizar, se degrada de forma considerable. La mejora obtenida con la estabilización es más de 5%.

Tabla 6. Resolución de los espectros de la medición en el cementerio de combustibles

Tipo de estabilización	Resolución a 1.17 Mev [%]	Resolución a 1.33 Mev [%]
Sin estabilización	11.1	9.31
Estabilización con 1 pico	5.58	5.40
Estabilización usando 2 picos	5.54	5.36

6.6 Estabilización medición de dos fuentes

Esta medición se realizó para comparar distintos tipos de estabilización, las condiciones de la medición fueron las siguientes. Se colocó el detector en un escritorio, se usaron 2 fuentes para poder tener distintos tipos de estabilizaciones. Las fuentes usadas fueron una de cesio 137 y otra de cobalto 60.

Otra diferencia en esta medición, fue que los espectros se tomaron cada 5 segundos, y se obtuvieron aproximadamente 13000 espectros, lo que equivale a más de 18 horas. Se tomaron espectros de tan corta duración, para averiguar, cual es el intervalo óptimo de medición.

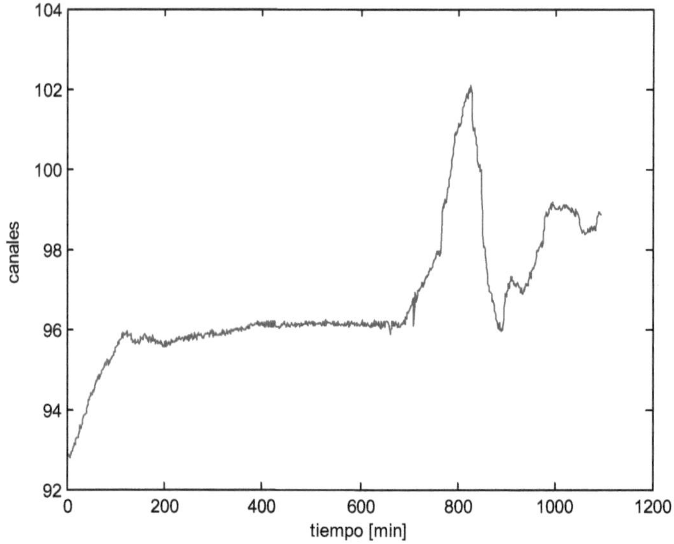

Figura 27. Variación del pico en la medición de dos fuentes

Para esta medición, no se registró la temperatura, pero igual se puede estimar su comportamiento de forma aproximada usando la variación del pico. En la Figura 27 se muestra la variación del pico de cesio 137, los otros picos del cobalto 60, varían de forma idéntica. El problema de la medición, fue que a pesar de haber sido una medición larga, las variaciones ocurrieron en lapsos bastante cortos, y la mayor parte del tiempo se mantuvo constante, además que las variaciones fueron bastante pequeñas. Esta escasa variación de la temperatura, se debe a que el detector estaba en un ambiente de interior, no obstante se tuvo un corrimiento apreciable de ganancia.

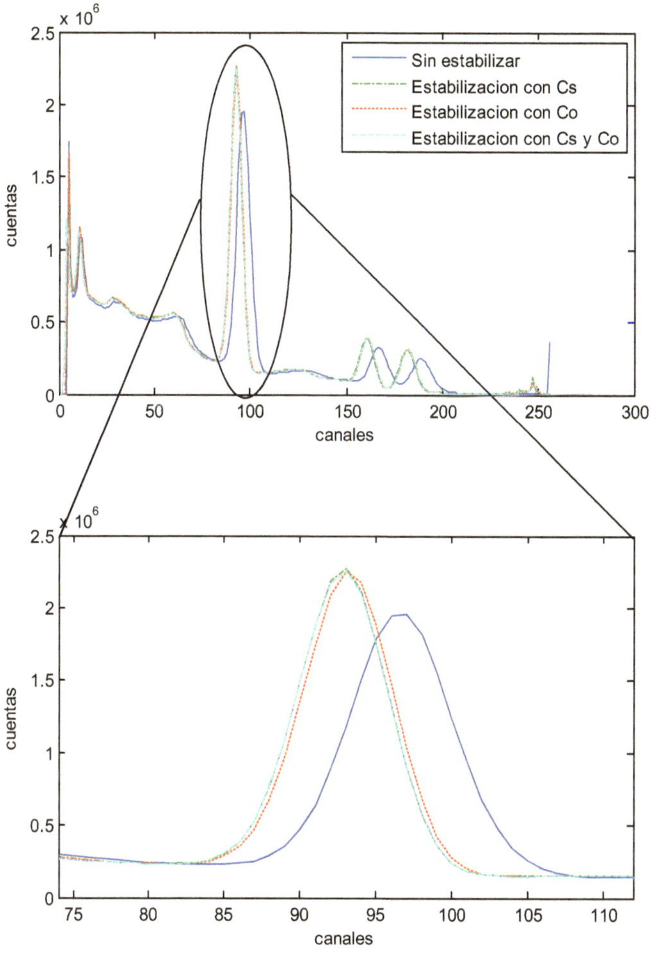

Figura 28. Comparación de distintos modos de estabilización, para la medición de dos fuentes.

Para estas estabilizaciones se usó el primer espectro como referencia. En la Figura 28 se muestra la comparación entre los distintos modos de estabilización usados, pero también se observa que el corrimiento de ganancia no es muy grande, por lo que el espectro sin estabilizar, no sufrió un gran ensanchamiento, esto es debido a como antes mencionamos, a la poca variación de temperatura.

En cuanto a las estabilizaciones se hicieron 3. En la primera se usó el pico de cesio 137 como pico de referencia, en la segunda se usó el pico de 1.33 Mev del cobalto 60 como referencia y en la última se usó el pico de cesio y el pico de 1.33 Mev del cobalto para poder realizar una estabilización de dos picos, que corrige los corrimientos de ganancia y de offset. En la parte ampliada de la Figura 28, se observa que en las diferencias de los espectros en los 3 tipos de estabilización es mínima.

En la Tabla 7se comparan las resoluciones del espectro no estabilizado y las distintas estabilizaciones utilizadas. Se observa que en las distintas estabilizaciones se obtiene una resolución próxima a 7.3%, por lo que hay una mejora de casi 0.8% respecto a la resolución del espectro no estabilizado.

Tabla 7. Resolución de las distintas estabilizaciones de la medición de dos fuentes

Tipo de estabilización	**Resolución a 662 kev [%]**	**Resolución a 1.17 Mev [%]**	**Resolución a 1.33 Mev [%]**
Sin estabilización	8.19	6.13	6.05
Estabilización con Cs	7.36	5.23	5.06
Estabilización con Co	7.37	5.23	5.04
Estabilización con Cs y Co	7.35	5.22	5.04

6.7 Determinación del intervalo de estabilización optimo

El intervalo, tras el cual se toma un espectro para su posterior estabilización, como mencionamos anteriormente, debería ser lo suficientemente pequeño, para que el corrimiento de ganancia debido a la temperatura sea despreciable y lo suficientemente grande para que se tenga una buena estadística en el pico y se pueda determinar de manera correcta la posición de este. Para verificar si existe un intervalo óptimo para la toma de espectros, se hizo lo siguiente, partiendo de que se tenían espectros de 5 segundos de duración, se realizó la estabilización agrupando los espectros, de tal forma de que el intervalo tras el cual se estabiliza un espectro, varié de 5 segundos, hasta 350 segundos, en cada estabilización se calcula además la resolución del pico de cesio del espectro estabilizado, para poder comparar la calidad de la estabilización.

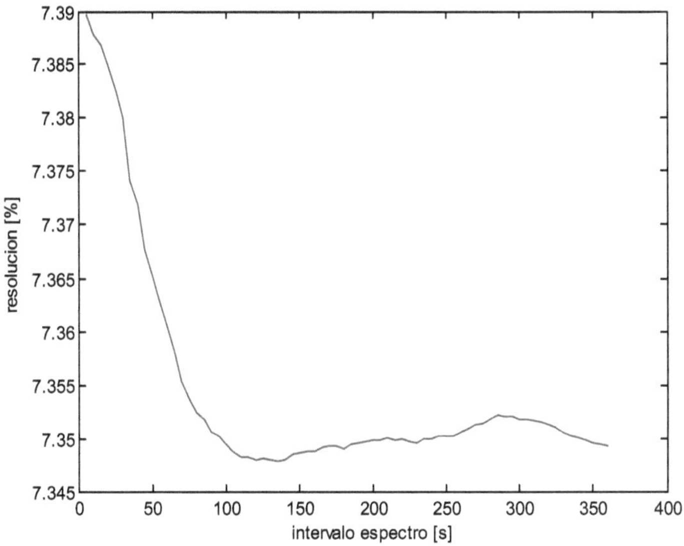

Figura 29. Resolución de la estabilización, en función del intervalo de adquisición.

La Figura 29, muestra el resultado del procedimiento mencionado anteriormente, en ella se observa que efectivamente, la resolución es mala a intervalos demasiado pequeños, mejora hasta llegar a un valor mínimo y empieza a aumentar a medida que se incrementa el intervalo de estabilización, esto debido a que empieza a ser considerable el corrimiento de ganancia causado por la temperatura. El intervalo óptimo entonces es 120 segundos. Como no es posible realizar este procedimiento cada vez que se realice una medición, debido al tiempo que requiere, es recomendable usar un intervalo en el cual se tenga al menos 10000 cuentas en el fotópico, un intervalo recomendable es al menos 120 segundos, tiempo en el cual incluso las fuentes mas decaídas que se usaron, generaron un pico aceptable. Si bien es posible disminuir el intervalo de estabilización al usar fuentes con mayor actividad, no es necesario ya que la variación de temperatura es despreciable en intervalos de 2 minutos.

6.8 Trabajos futuros

Dada la relación casi lineal, entre la temperatura y la posición del pico, es posible realizar una estabilización sin usar picos de referencia, solo usando la temperatura medida como parámetro de estabilización.

Para este acometido es necesario, realizar una caracterización del detector, por lo que se debe obtener una relación de la posición del pico y la temperatura, esta correlación es mostrada en la Figura 30

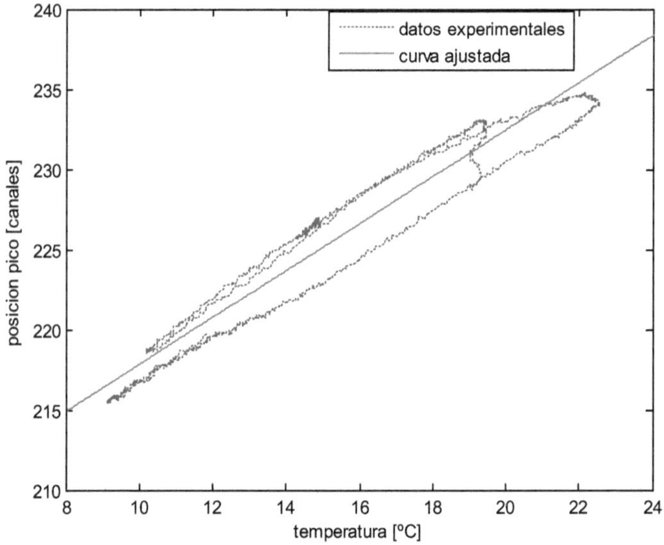

Figura 30. Posición del pico en función de la temperatura y curva ajustada

En esta figura se muestra la posición del pico en función de la temperatura (en trazo azul punteado) para los datos obtenidos en la medición 4, la cual fue realizada en el cementerio de combustibles. También se muestra la curva ajustada (trazo rojo solido) de la cual se obtiene la ecuación (22)

$$posicion\ pico = 1.465 * temperatura + 203.2 \tag{22}$$

Utilizando esta relación es posible calcular una ganancia para una dada temperatura y con esta realizar la estabilización del espectro correspondiente a esa temperatura. Sin embargo se dejara como trabajo futuro la implementación de este modo de estabilización, ya que requiere la realización de nuevas mediciones para comprobar su funcionamiento.

VII. CONCLUSIONES

- Se logró determinar las causas de la perdida de resolución, que ocurrían al tomar espectros en condiciones ambientales de exteriores. Estas causas fueron la falla en la fuente de alta tensión a altas temperaturas y el corrimiento de la ganancia debido a la variación de la temperatura.
- Se corrigió el problema de la fuente de alta tensión, sustituyéndola por otra que pueda trabajar a mayores temperaturas.
- Se diseñó una solución para la corrección del corrimiento de la ganancia por software. Esta solución incluye un algoritmo para determinar la posición del pico, que luego es usada para calcular el corrimiento de ganancia, y el algoritmo de realineamiento de espectro, en el cual se modifica la ganancia y dependiendo si se está usando uno o dos picos de referencia se puede corregir también el offset.
- Se diseñó un algoritmo para calcular la resolución, ya que este parámetro es fundamental a la hora de verificar la eficacia de la estabilización.
- Se diseñó el software, en el que se aplican todos los algoritmos, además que incluye una interfaz gráfica, en el que se puede configurar el modo de estabilización y visualizar el espectro estabilizado y sin estabilizar, así como la resolución.
- Se verifico la eficacia de la solución, realizando mediciones en cámara térmica, y en condiciones de operación real en el cementerio de combustibles. Se obtuvieron resultados satisfactorios, al mantenerse la resolución inalterada ante el corrimiento de ganancia.

VIII. REFERENCIAS

[1] Knoll Glenn F., 2000, Radiation detection and measurement, Third edition, John Wiley & sons.

[2] Gilmore Gordon R., 2008, Practical Gamma-ray Spectrometry, Second Edition, John Wiley & sons.

[3] Alfassi Zerv B, 2009, Statistical treatment of Analytical Data, John Wiley & sons, p. 125-132.

[4] Yazid P. I., 2013, Y-Spect: A Multi-Method Gamma Spectrometry Analysis Program, Atom Indonesia Vol. 39 No.1, p. 40-49.